U0632667

中国少年儿童科学普及阅读文库

探索·科学百科™ 中阶

人类与飞行

中国少年儿童科学普及阅读文库
TANSUO KEXUEBAIKE
★★★★★
2级C3
探索·科学百科

[澳]尼古拉斯·布拉克⊙著
赵振华(学乐·译言)⊙译

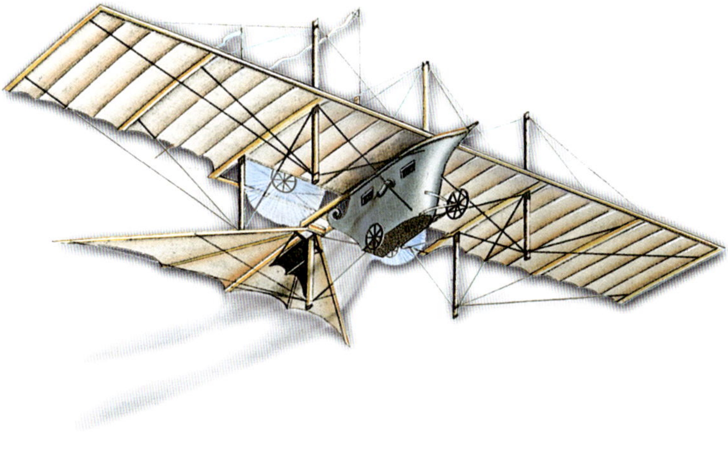

Discovery EDUCATION™

全国优秀出版社
全国百佳图书出版单位
广东教育出版社 學樂

广东省版权局著作权合同登记号
图字：19-2011-097号

本书原由 Weldon Owen Pty Ltd 以书名*DISCOVERY EDUCATION SERIES · Conquering the Sky*（ISBN 978-1-74252-169-5）出版，经由北京学乐图书有限公司取得中文简体字版权，授权广东教育出版社仅在中国内地出版发行。

图书在版编目（CIP）数据

Discovery Education探索·科学百科. 中阶. 2级. C3，人类与飞行/［澳］尼古拉斯·布拉克著；赵振华（学乐·译言）译. 一广州：广东教育出版社，2014. 1
（中国少年儿童科学普及阅读文库）
ISBN 978-7-5406-9309-1

Ⅰ. ①D… Ⅱ. ①尼… ②赵… Ⅲ. ①科学知识一科普读物 ②航天一少儿读物 ③航空一少儿读物 Ⅳ. ①Z228. 1 ②V4-49 ③V2-49

中国版本图书馆 CIP 数据核字(2012)第153465号

Discovery Education探索·科学百科（中阶）
2级C3 人类与飞行

著 ［澳］尼古拉斯·布拉克　**译** 赵振华（学乐·译言）

责任编辑 张宏宇 李 玲 丘雪莹　**助理编辑** 蔡利超 于银丽　**装帧设计** 李开福 袁 尹

出版 广东教育出版社
地址：广州市环市东路472号12-15楼　邮编：510075　网址：http://www.gjs.cn
经销 广东新华发行集团股份有限公司　**印刷** 北京顺诚彩色印刷有限公司
开本 170毫米×220毫米 16开　**印张** 2　**字数** 25.5千字
版次 2016年5月第1版 第2次印刷　**装别** 平装

ISBN 978-7-5406-9309-1　**定价** 8.00元

内容及质量服务 广东教育出版社 北京综合出版中心
电话 010-68910906 68910806　网址 http://www.scholarjoy.com
质量监督电话 010-68910906 020-87613102　**购书咨询电话** 020-87621848 010-68910906

Discovery Education 探索·科学百科（中阶）

2级C3 人类与飞行

全国优秀出版社
全国百佳图书出版单位
广东教育出版社

6062

目录 | Contents

自然界中的飞行

飞行对很多生物来说是至关重要的生存技能。它们利用飞行来躲避捕食者，或者观察并攻击猎物。它们也利用飞行来躲避风暴和严寒等恶劣天气。飞行对它们的生存必不可少。

滑翔、振翅与盘旋

会飞的动物利用不同的运动方式在空气中飞行。

飞行方式

不同生物的飞行方式是它们适应其生存环境的结果。

鸟类

蜂鸟能在空中盘旋时取食。

蝙蝠

唯一能长时间飞行的哺乳动物是蝙蝠。

鱼类

飞鱼的鳍可以起到类似翅膀的作用，使它们能够在空气中滑翔。

扇动翅膀吧

较小的昆虫比大一些的昆虫振翅的频率更快，它们在空气中也飞得更慢。

蜻蜓

每小时速度：24 千米

每秒振翅数：35 次

数据对比：蜻蜓每飞行 1.6 千米，振翅 8 400 次。

蝴蝶

每小时速度：22.4 千米

每秒振翅数：10 次

数据对比：蝴蝶每飞行 1.6 千米，振翅 2 571 次。

风与空气

鸟类飞行时，会以不同的方式利用风和空气。

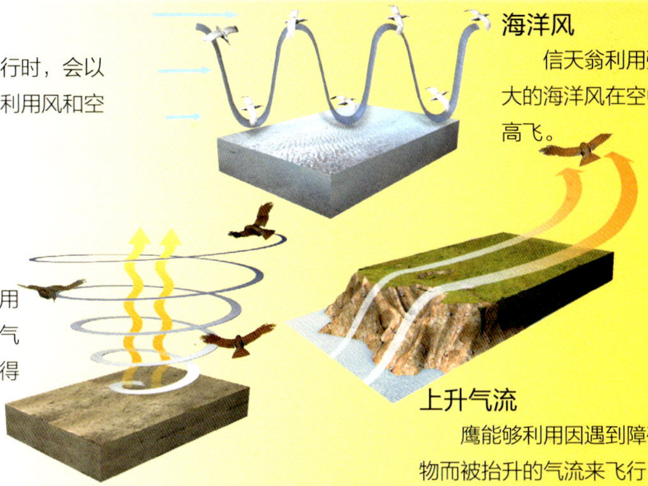

海洋风

信天翁利用强大的海洋风在空中高飞。

热空气

秃鹰利用上升的热空气来帮助它飞得更高。

上升气流

鹰能够利用因遇到障碍物而被抬升的气流来飞行。

盘旋的蜻蜓

蜻蜓用两组长长的翅膀帮助它盘旋。

飞行中的燕子

燕子有着长长的翅膀和分叉的尾巴，这两样装备能在它追捕猎物时帮它转弯、倾斜和俯冲。

蜜蜂

每小时速度：6.4 千米

每秒振翅数：350 次

数据对比：蜜蜂每飞行 1.6 千米，振翅 11.7 万次。

家蝇

每小时速度：14.4 千米

每秒振翅数：170 次

数据对比：家蝇每飞行 1.6 千米，振翅 68034 次。

蚊子

每小时速度：1.6 千米

每秒振翅数：600 次

数据对比：蚊子每飞行 1.6 千米，振翅 216 万次。

神话与传说

飞行永远令人类痴迷。多少年来，它一直是不同文化中故事和传说的主题之一。历史上人类的飞行有着强烈的艺术气息。

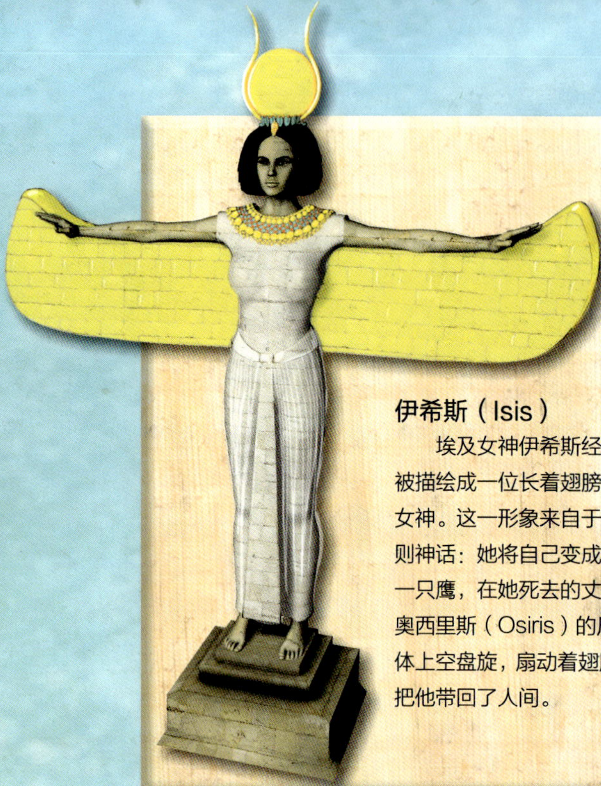

伊希斯（Isis）

埃及女神伊希斯经常被描绘成一位长着翅膀的女神。这一形象来自于一则神话：她将自己变成了一只鹰，在她死去的丈夫奥西里斯（Osiris）的尸体上空盘旋，扇动着翅膀，把他带回了人间。

珀伽索斯（Pegasus）

有翼的飞马珀伽索斯出现在希腊神话中。希腊英雄柏勒洛丰（Bellerophon）捕获了它，并骑着它与敌人作战，最终杀死了妖怪。

波斯王库武斯（King Kai Kawus）

在波斯传说中，波斯王库武斯的黄金宝座是由四只鹰拉动的。这些鹰受到吊在它们眼前的肉的诱惑而飞行。然而，鹰最后疲惫了，王座也坠向了地面。

金翅鸟（Garuda）

金翅鸟这种生物出现在印度教和佛教神话中，它有着人的身子和鸟（通常是鹰）的翅膀。在一些传说中，金翅鸟的敌人是蛇神（Naga），一种有很多个头的大蛇。

马姆斯伯里的教士艾尔默（Eilmer of Malmesbury）

公元 1010 年前后，马姆斯伯里的一个名叫艾尔默的修道士扇动着像蝙蝠双翼一样的巨大翅膀，从修道院的塔上跳下。但他忘了飞行生物有尾巴来帮助它们着陆，结果摔断了自己的两条腿。

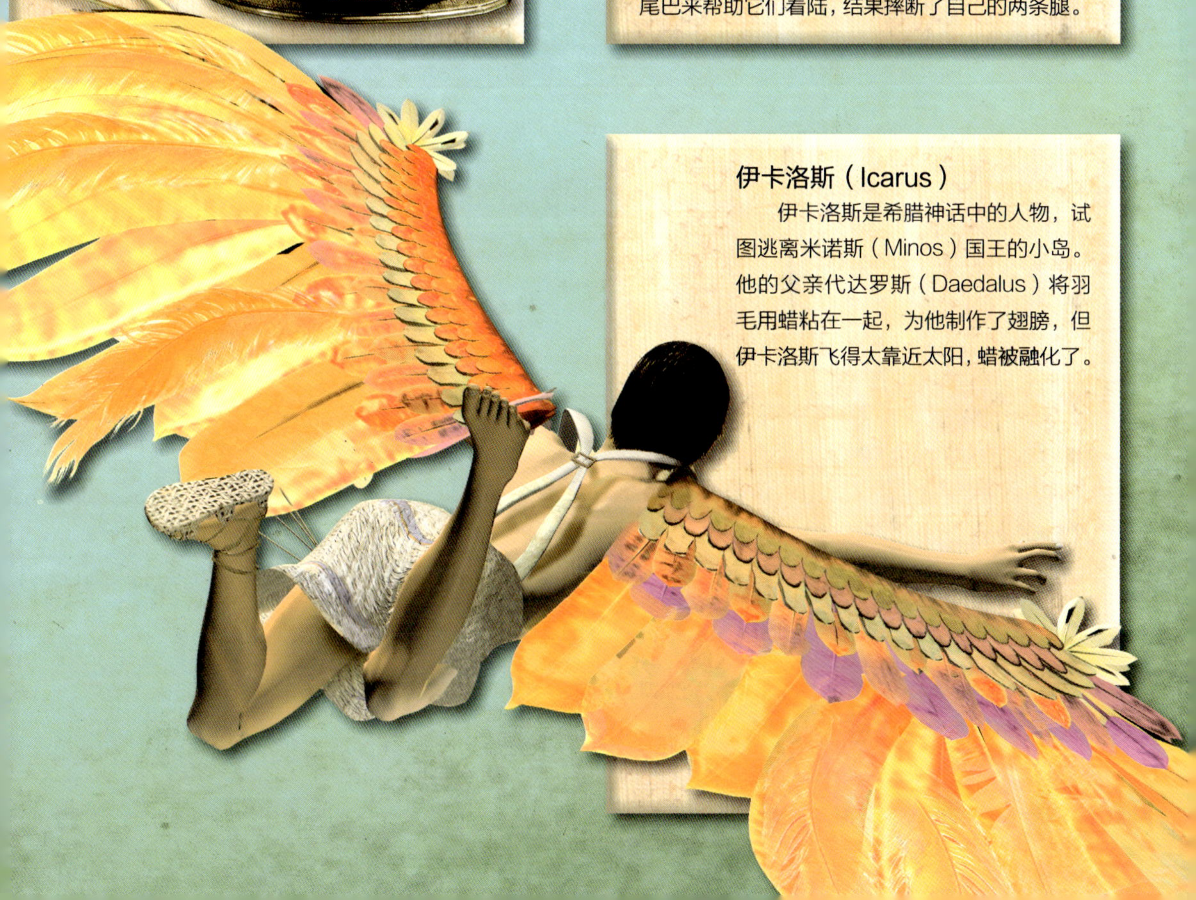

伊卡洛斯（Icarus）

伊卡洛斯是希腊神话中的人物，试图逃离米诺斯（Minos）国王的小岛。他的父亲代达罗斯（Daedalus）将羽毛用蜡粘在一起，为他制作了翅膀，但伊卡洛斯飞得太靠近太阳，蜡被融化了。

威吓敌人

中国风筝存在的证据可追溯到 2 300 多年前，风筝的图案丰富多彩，也经常被设计成很可怕的样式，用做战斗信号或威吓敌人。

风筝与飞行机器

人类最早的飞行基于人们对风的性质的了解，然后设计能够利用风来飞的飞行器。这些机器的构件都非常粗陋，只能用于改变飞行器的方向。

从中国到日本

大约 1 300 年前，风筝从中国传到日本。日本人把风筝视作飞向极乐世界的宗教象征。

箱型风筝

澳大利亚工程师劳伦斯·哈格雷夫（Lawrence Hargrave）发明了箱型风筝。他曾经测试过他的风筝的升力，方法是将四个箱型风筝绑在他身上，把他自己吊在空中。

走在时代的前列

在真正的飞行器被造出并成功飞起来的400多年前，意大利画家列奥纳多·达·芬奇（1452年~1519年）发明设计了很多飞行机器。这架悬挂式滑翔机就是他的发明设计之一。

这架飞机的机翼被设计成能像鸟的翅膀一样扇动。

像马具一样的装置，可以让飞行员平卧在上面。

蝙蝠和鸟类

列奥纳多·达·芬奇从蝙蝠和鸟类身上汲取了灵感，用在他早期的飞行机器上。这些机器有着能扇动的翅膀，被设计为尽可能准确地再现鸟类和蝙蝠的飞行。

手杆

拉动手杆使机翼向上扇动。

脚踏板

踩下脚踏板使机翼向下扇动。

热气球

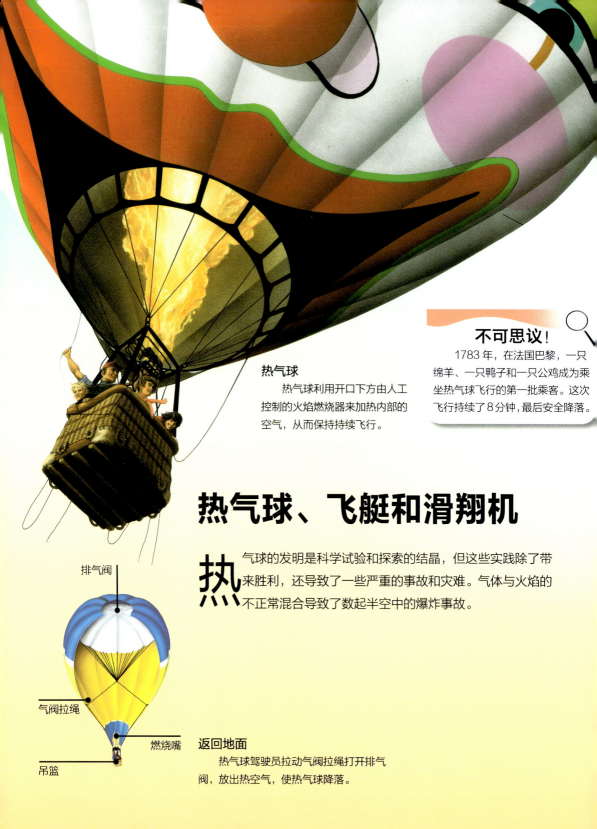

热气球利用开口下方由人工控制的火焰燃烧器来加热内部的空气，从而保持持续飞行。

不可思议！

1783 年，在法国巴黎，一只绵羊、一只鸭子和一只公鸡成为乘坐热气球飞行的第一批乘客。这次飞行持续了 8 分钟，最后安全降落。

热气球、飞艇和滑翔机

热气球的发明是科学试验和探索的结晶，但这些实践除了带来胜利，还导致了一些严重的事故和灾难。气体与火焰的不正常混合导致了数起半空中的爆炸事故。

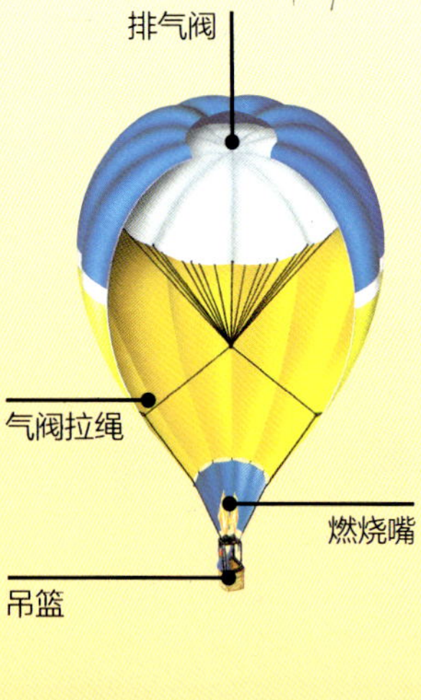

返回地面

热气球驾驶员拉动气阀拉绳打开排气阀，放出热空气，使热气球降落。

热气球飞行的演化

整个 19 世纪，人们尝试了不同的气体和动力方式，试图找到最有效的热气球空中飞行方法。

氢气

第一只填充氢气的热气球出现于 1783 年。

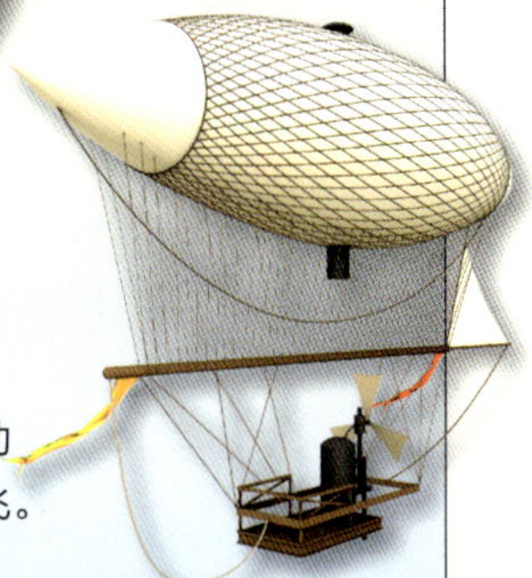

蒸汽

1852 年，一只由蒸汽驱动的热气球被放飞。

电力

1884 年，一只装备了电池动力的气球被放飞。

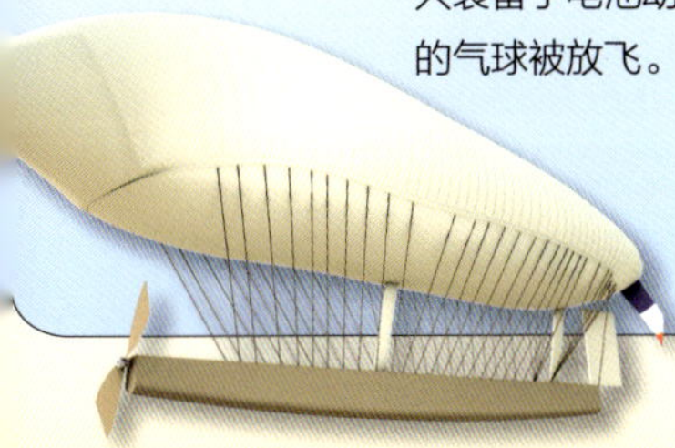

“兴登堡”号的灾难

1937 年 5 月 6 日，“兴登堡”号飞艇在美国新泽西起火爆炸，之后乘坐大型飞艇进行空中旅行的潮流迅速降温。

滑翔

滑翔机是比重大于空气而不依靠引擎提供动力的航空器，它们和鸟一样利用气流飞行。某些滑翔机上，飞行员位于机体外侧；而在另一些滑翔机上，飞行员坐在驾驶舱里，类似于一个靠引擎驱动的航空器。

爬升

向前推控制横杆，使滑翔机爬升。

俯冲

向后拉控制横杆，使滑翔机俯冲。

转向

飞行员利用身体侧倾，使滑翔机转向。

“风神”号（Éole）

这几个螺旋桨是由蒸汽发动机驱动的。

早期的飞机

像历史上的许多发明一样，没有哪个单个的人可以被视为飞机的发明者。某些发明与科学突破，例如蒸汽发动机的发明，引领了社会更大的进步。像所有的科学研究领域一样，失败促使人们进一步地试验、测试和尝试，并最终获得了成功。以下是人类创造比重大于空气的航空器最早的几次尝试。

模型

威廉·亨森（William Henson）的设计，只是作为模型建造的。

1842 年

威廉·亨森设计了一架由一台蒸汽发动机带动两个螺旋桨的飞机。

1890 年

这架像蝙蝠一样的飞机“风神”号是由法国工程师克莱门特·阿德尔（Clément Ader）发明的，它离地飞行了大约 50 米。

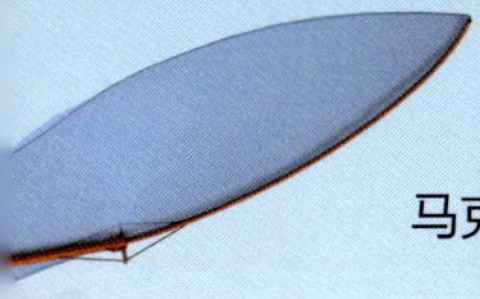

马克西姆的双翼机

这架飞机离开了地面，但几乎立即就坠毁了。

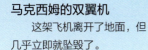

“艾维昂三号”（Avion III）

它的机翼是由丝绸制成的。

“机场”号

飞机由汽油发动机驱动。

1894 年

美国发明家希拉姆·马克西（Hiram Maxim）制造了一架由两台蒸汽发动机驱动的双翼机。他仅仅想发明一种能从地面起飞的技术。

1897 年

克莱门特声称他让“艾维昂三号”飞行了大约 300 米。但是，有人怀疑这次飞行是否进行过。

1903 年

美国人塞缪尔·兰利（Samuel Langley）建造了“机场”号。第一次飞行以飞机栽入平台旁的水中而告终。

飞行者

奥维尔·莱特和威尔伯·莱特（Orville and Wilbur Wright）轮流驾驶他们的飞机飞行。

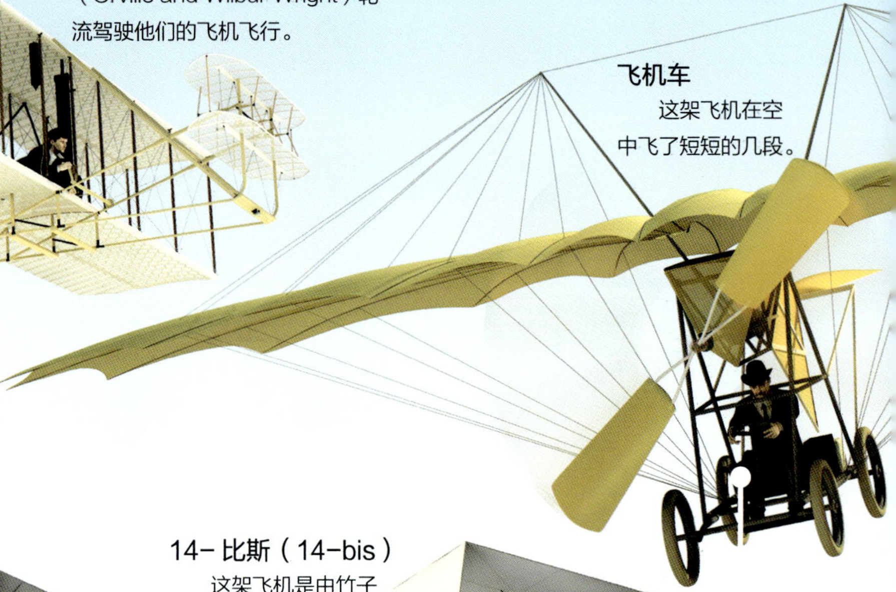

飞机车

这架飞机在空中飞了短短的几段。

14- 比斯（14-bis）

这架飞机是由竹子和帆布制成的。

1903 年

莱特兄弟在美国北卡罗莱纳州的小鹰镇，用重于空气的飞机进行了他们的第一次成功飞行。他们的飞机从离开了地面到着陆持续飞行了几秒钟。

1906 年

巴西的一位飞行家阿尔贝托·桑托斯·杜蒙（Alberto Santos-Dumont）以箱式风筝为基础设计了他的飞机“14-比斯”号。他在法国进行了测试飞行。

1906 年 ~1907 年

罗马尼亚发明家特拉扬·武亚（Trajan Vuia）将汽车与飞机的特征结合在一起，在一辆四轮汽车上加装了双翼和一个螺旋桨，制成了他的“比空气重”的飞机。

布莱里奥

这个法国人设计并建造了几百架飞机。

多翼机

菲利普斯驾驶他的飞机飞行了 152 米。

1907 年

英国人霍雷肖·菲利普斯（Horatio Phillips）相信飞机的机翼是成功飞行的关键——机翼越多，成功的机会就越大。他在 1907 年建造了一架有 200 个机翼的飞机。

1909 年

法国工程师路易斯·布莱里奥（Louis Blériot）驾驶自己的飞机“布莱里奥 11 号”穿越了英吉利海峡。他没有依靠罗盘或地图，用时 37 分钟从法国的加莱飞到了英格兰的多佛尔。

著名的飞行

从20世纪初开始，出现了许多次历史性的飞行。有些只飞了几百米的距离，有些则跨越了千山万水。它们之所以著名，是因为它们是历史上的第一次，或者在人类飞行的发展史上起到了重要的作用。

莱特兄弟

奥维尔·莱特和威尔伯·莱特拥有一家自行车铺，并且制造和出售风筝，以便为他们设计和建造飞机的兴趣提供资金支持。1903年12月17日，奥维尔驾驶他们的飞机飞了37米的距离。当天晚些时候，威尔伯驾驶这架飞机飞了260米。

正面还是反面

奥维尔（左）和威尔伯（右）掷硬币来决定谁先驾驶他们的飞机。

路易斯·布莱里奥

1909 年 7 月 25 日，法国人路易斯·布莱里奥成为第一个飞越英吉利海峡的人。强风和过热的引擎使他的飞机迫降在英格兰的多佛尔——但他最终成功完成了飞行。

伊戈尔·西科尔斯基（Igor Sikorsky）

俄罗斯飞行家伊戈尔·西科尔斯基设计并建造了第一架四引擎飞机。1914 年，他驾驶这样一架飞机飞行 1290 千米，从圣彼得堡飞到了基辅，中间只停了两次。他用这种方法证明长距离空中旅行是可行的。

“圣路易斯精神”号

1927 年 5 月，美国飞行家查尔斯·林德伯格（Charles Lindbergh）单人驾机，不停顿地从纽约飞到了巴黎。这样的飞行在历史上是第一次，用时 33 小时 30 分。

阿米莉娅·埃尔哈特（Amelia Earhart）

1932 年，美国飞行家阿米莉娅·埃尔哈特成为单人不停顿地飞越大西洋的第一位女性。1937 年，当时她正尝试环球飞行，不幸在太平洋上失踪。

从螺旋桨到喷气式

从莱特兄弟第一次飞上天空开始，螺旋桨飞机统治天空的时间已经超过了 30 年。螺旋桨飞机由引擎制造推力，推力和升力共同作用，将飞机带上天空。但在 1939 年，喷气式发动机的发明永远地改变了飞机的设计理念和机械原理。

水上飞机

20 世纪 30 年代末，水上飞机的发展使美国探险家理查德·阿克伯德（Richard Archbold）有能力对太平洋上的新几内亚岛及其周边的陆地和水域进行调查。他于 1938 年进行了这次调查。

喷气式时代

喷气式发动机的工作原理是：加热并喷射进入发动机的空气，从而产生推力，推动飞机前进。喷气式发动机是 20 世纪 30 年代由弗兰克·惠特尔（Frank Whittle）和汉斯·冯·奥海因（Hans von Ohain）开发的，尽管他们的工作理念并不相同。

第一架喷气式飞机

1939 年 8 月 27 日，亨克尔“He-178”成为了第一架由喷气式发动机提供动力的飞机。空气从机首进入飞机，并被引入发动机中。

涡轮喷气发动机

空气进入涡轮喷气式发动机，然后被引入点燃燃料的压缩室。当空气被加热并压缩后，向后排出气体，形成强劲的推力。

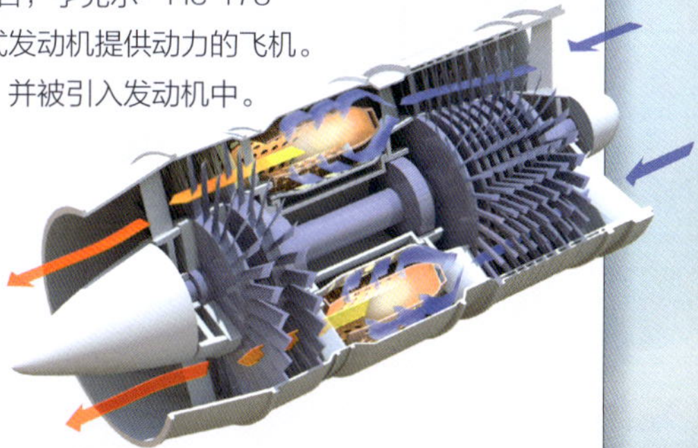

图例

- 吸入：冷空气
- 排出：热废气
- 燃烧室：燃烧的燃料和加热的空气。

德国王牌飞行员

德国战斗机飞行员埃贡·凯普施（Egon Koepsch）在第一次世界大战中取得了 9 次空战的胜利。

美国的空中格斗机

美国的“斯帕德 XIII”型（SPAD XIII）飞机在第一次世界大战期间参加了很多空中激战。

致命的空中格斗

第一次世界大战（1914 年~1918 年）期间，以螺旋桨为动力的飞机在空中展开了激战，这些战斗被称为混战。飞行员靠近敌机，然后向敌人开火。同时，他们要控制飞行，以免被敌人击中。

客机

第一代飞机只搭载一到两名乘客，但几乎在飞机出现在天空中的同时，已经有个人和公司开始考虑远距离空运大量人员的可能性了。这需要中途无需停靠即可长时间飞行的大飞机。20世纪初期，这种做法似乎还不可能，但此时他们已有了制造相关飞机的想法。

1919 年

亨得利·佩奇(Handley Page ）的 W8 型飞机有 15 个旅客座位，从伦敦飞往欧洲大陆。在这类飞机上，飞行员坐在一个开放式的驾驶舱中。

1935 年

道格拉斯（Douglas）DC-3型飞机极大地改变了航空旅行。它比其他飞机飞行的时间更长，载的乘客也更多。乘 DC-3 横跨美国仅需 17 个小时。

1950 年

德·哈维兰（De Havilland）DH106“彗星”是世界上第一架喷气式客机。20 世纪 50 年代初经历了几次事故后，这种飞机被重新设计。随后的改进型有着很长的寿命，取得了商业上的成功。

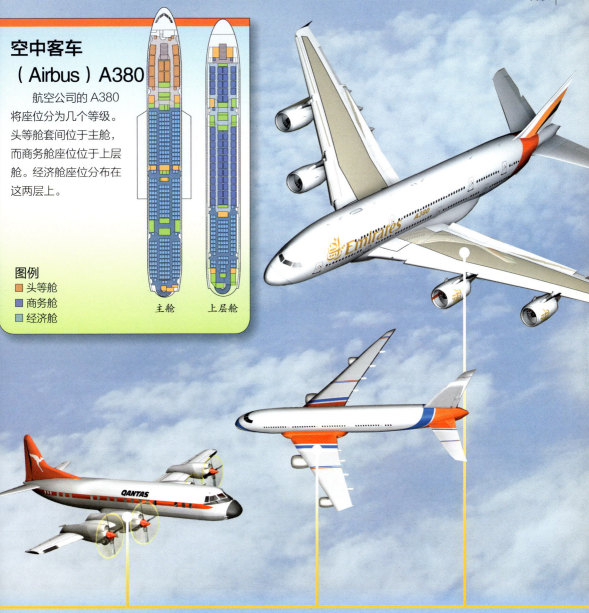

空中客车（Airbus）A380

航空公司的 A380 将座位分为几个等级。头等舱套间位于主舱，而商务舱座位位于上层舱。经济舱座位分布在这两层上。

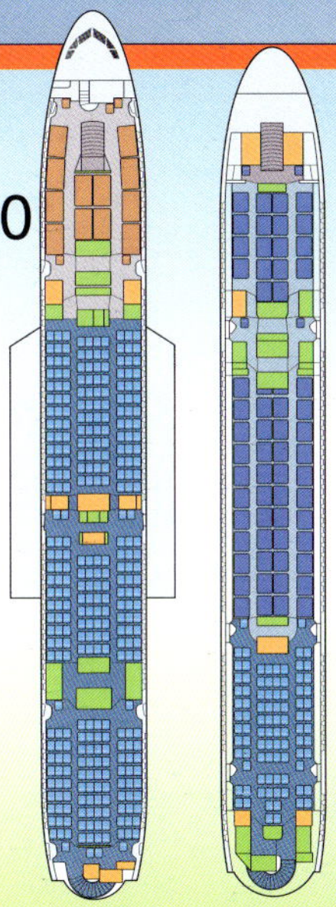

图例
- 头等舱
- 商务舱
- 经济舱

1957 年

洛克希德（Lockheed）L-188“伊莱克特拉”（Electra）是作为中短途客机建造的。它能搭载 60~70 名乘客。起初，它作为客机很受欢迎，但现在这种飞机大多被用作货运飞机。

1970 年

第一架“巨型喷气式客机”波音（Boeing）747 面市，它能搭载 524 名乘客进行长距离飞行。它的重要特征之一就是宽宽的机体。

2005 年

空中客车 A380 是双层宽体客机，能搭载 853 名乘客进行长距离飞行。它被称作“超级巨型飞机”。

安定面
调整水平安定面可以帮助控制飞机。
机身
机身也称飞机的主体，被设计为机枪子弹的外形。
6062
羽烟
强大的发动机产生 2 722 千克的推力。
机翼
薄薄的机翼经过特殊设计，能抵御超音速飞行的压力。

超音速

超音速飞机意味着飞得比声音的传播速度更快。这一壮举是 1947 年 10 月 14 日由一架试验机创造的。美国飞行员查克·叶格驾驶贝尔 X-1 突破了音障。音速通常称为 1 马赫（速度为每秒 340 米）。第一个达到 2 马赫（即 2 倍音速）的飞行员是斯科特·克罗斯菲尔德（Scott Crossfield），时间是 1953 年。

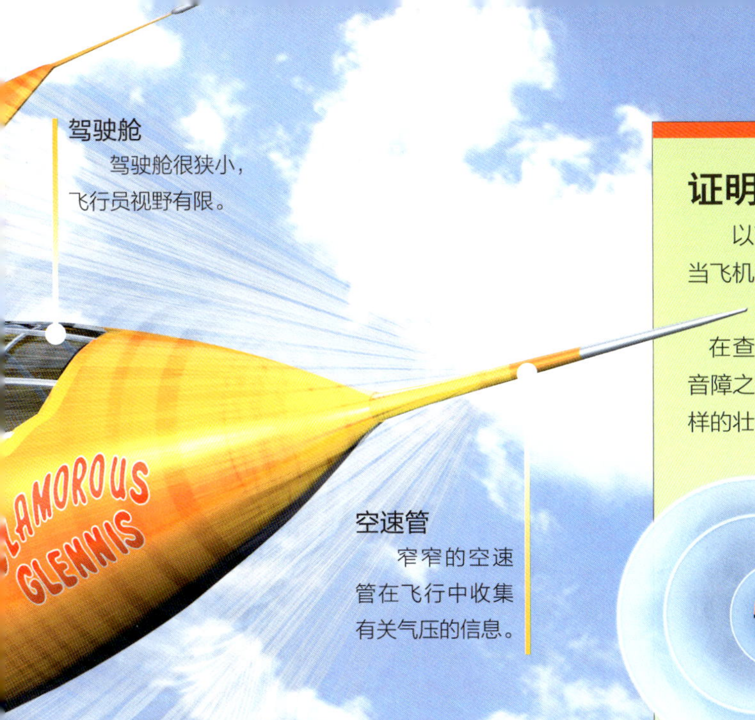

驾驶舱

驾驶舱很狭小，飞行员视野有限。

空速管

窄窄的空速管在飞行中收集有关气压的信息。

比声音更快

“迷人葛兰妮号”（贝尔 X-1）型是查克·叶格驾驶的速度超过音速的一架飞机。这架飞机以他妻子的名字命名。

证明他们错了

以高速飞行时，飞机会产生压力波动。当飞机接近音速时，这些波动就会转变为冲击波。冲击波产生巨大的压力。

在查克·叶格（Chuck Yeager）突破音障之前，很多人认为冲击波的存在使这样的壮举几乎不可能实现。

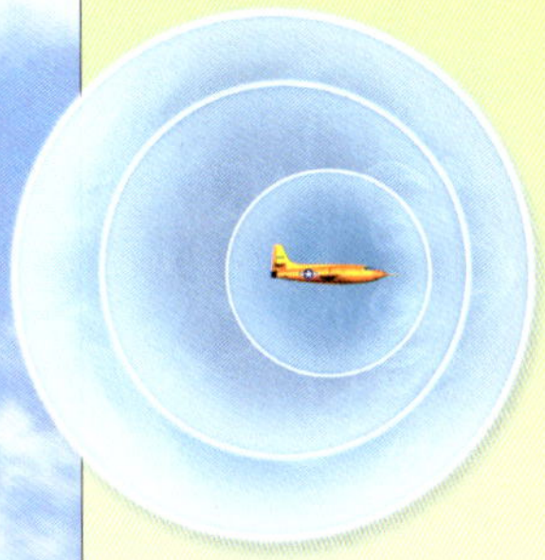

亚音速

速度低于 1 马赫时，压力波向飞机后方和前方扩散。

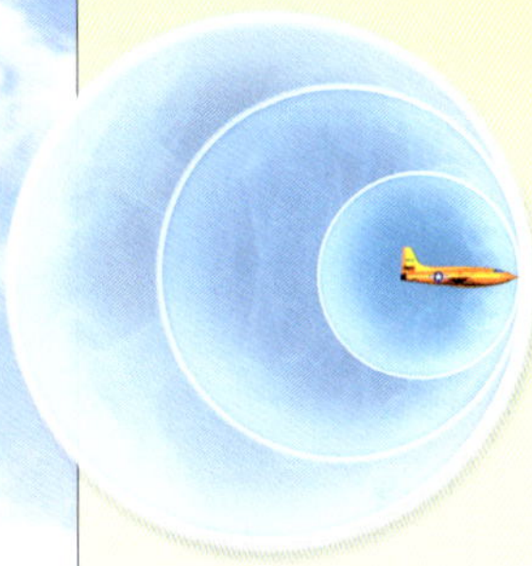

跨音速

以 1 马赫的速度飞行时，飞机追上了压力波，压力波随后累积为冲击波。

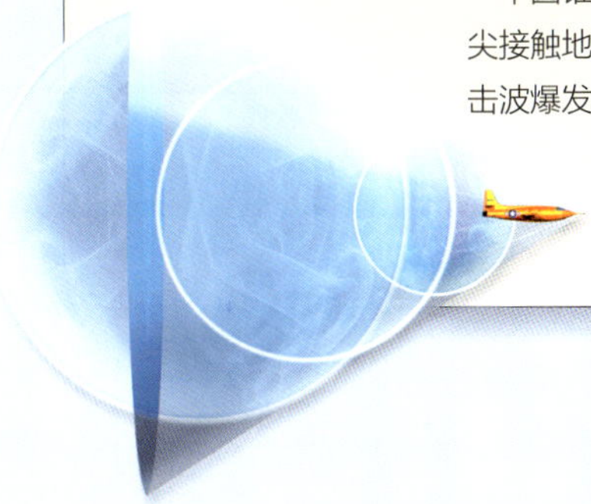

超音速

速度高于 1 马赫时，冲击波形成一个圆锥型。在锥尖接触地面时，冲击波爆发形成音爆。

地球大气层内有人驾驶飞行的速度纪录是 6.72 马赫，由威廉·奈特少校（William "Pete" Knight）于 1967 年 10 月 3 日创造。

飞向太空

人类一旦创造了能载着他们在地球上空飞行的飞机，就决心实现更大的挑战——征服太空。将人类送入太空的主要障碍，就是如何创造足够的动力，以便让飞行器脱离地球束缚，不受将该飞行器拉向地面的重力的制约。完成这样的任务所需的燃料是如此之多，可能遇到的危险是如此之大，以致于很多人怀疑这种任务是否可行。

“土星五号”运载火箭

最成功的火箭是“土星五号”。从 1967 年到 1973 年，这种火箭执行了所有的“阿波罗”和“太空实验室”飞行任务。在这几次飞行中，“阿波罗 11 号”第一次将人类送上了月球。

逃逸塔

它可以拉动指令舱与飞船的其他部分分离。

指令舱

宇航员在飞行中呆在这里。

登月舱

飞船的这部分降落在月球上。

S-IVB 第三级火箭

发动机将飞船推离地球，带向月球。

S-II 第二级火箭

发动机将第三极火箭和各航天舱推到 183 千米的高度。

S-IC 第一级火箭

发动机将飞船及第二级、第三极火箭推到 61 千米的高度。

S-IC 液氧箱

冷却液态氧被用作在太空中燃烧的液态燃料。

S-IC 燃料箱

煤油作为推进剂将火箭推离地面。

我们发射了

第一级火箭飞行 2.5 分钟。第二级火箭飞行 6 分钟。第三级火箭飞行 2.5 分钟。

太空船 1 号

2004 年前，所有的太空飞行都是由政府出资的。但 2004 年 6 月 21 日飞入太空的“太空船 1 号”属于私人所有。它并不是从地面发射的，而是从另一架飞机“白骑士”上进行空中发射的，发射高度是 15 240 米，飞行持续了 30 分钟。私人公司对太空飞行之所以感兴趣，正如近 100 年前私人公司看出远距离客机飞行的潜力一样，载客太空飞行现在或许看起来像一个梦，但当年的客机飞行也一样。

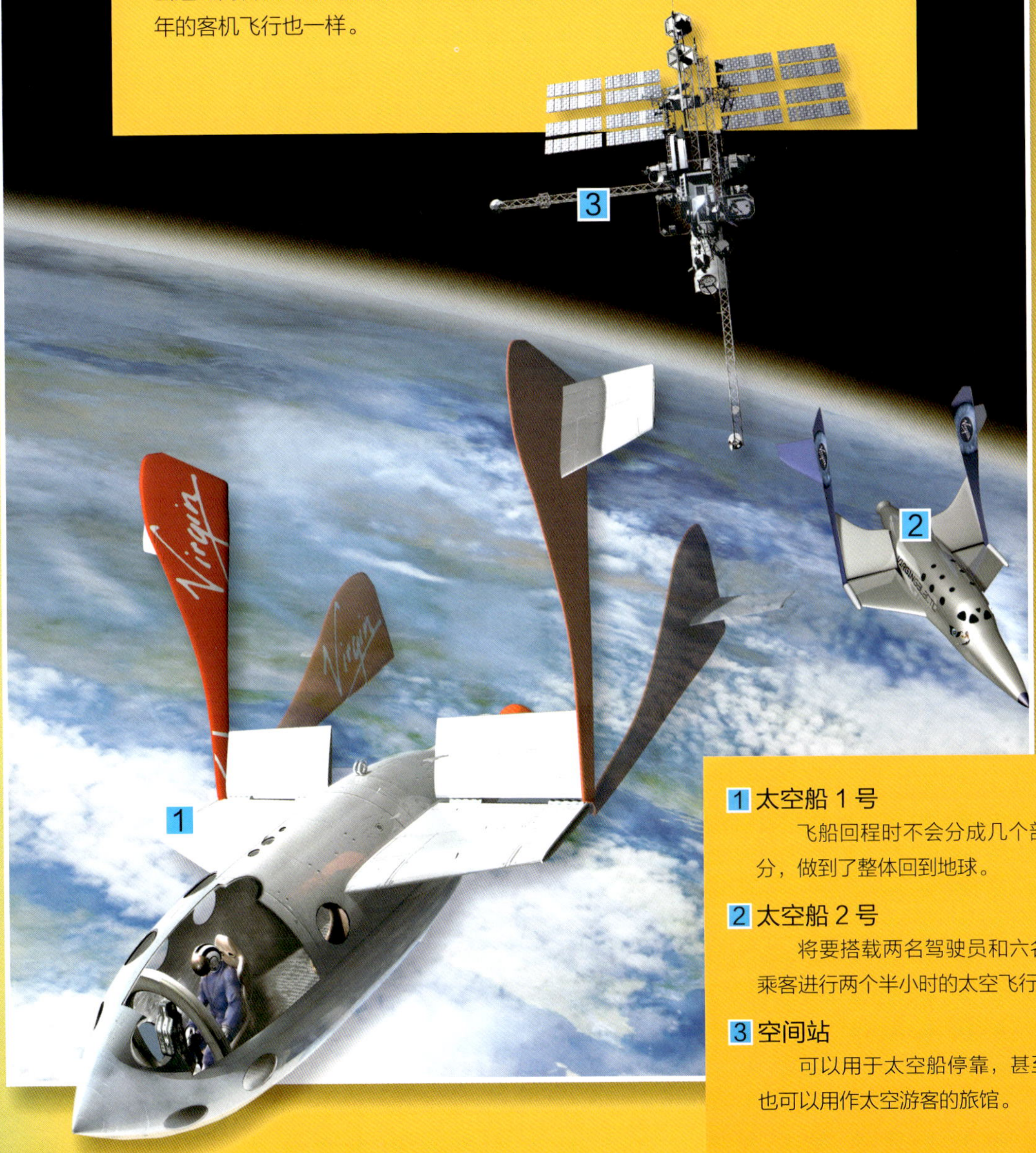

1 太空船 1 号

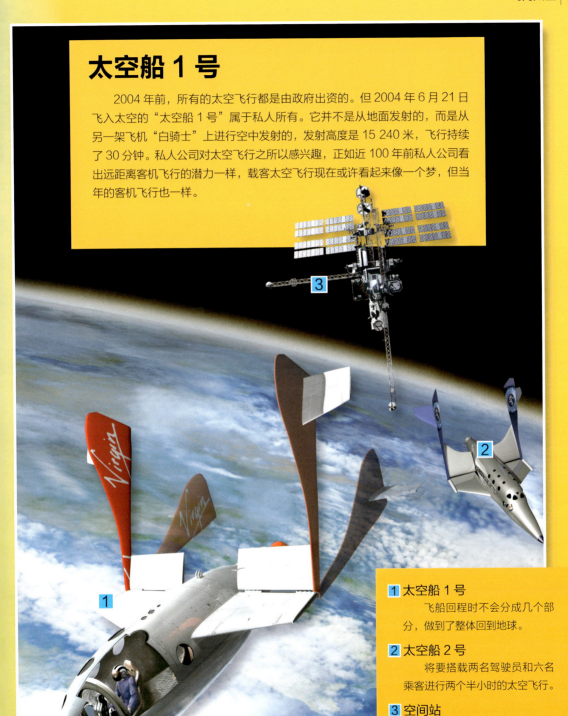

飞船回程时不会分成几个部分，做到了整体回到地球。

2 太空船 2 号

将要搭载两名驾驶员和六名乘客进行两个半小时的太空飞行。

3 空间站

可以用于太空船停靠，甚至也可以用作太空游客的旅馆。

飞行器巡礼

飞行者（1903 年）
长度：6.4 米
翼展：12.3 米
重量：274 千克

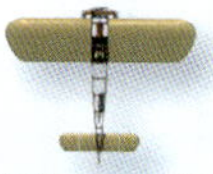

布莱里奥 XI 号（BLERIOT XI）（1909 年）
长度：8 米
翼展：7.8 米
重量：230 千克

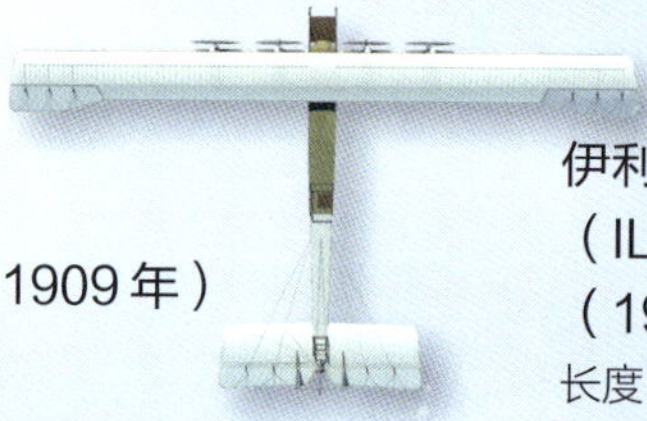

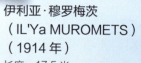

伊利亚·穆罗梅茨（IL'Ya MUROMETS）（1914 年）
长度：17.5 米
翼展：34.5 米
重量：3 150 千克

道格拉斯 DC- 3（DOUGLAS DC-3）（1935 年）
长度：19.7 米
翼展：29 米
重量：8 300 千克

联合飞机公司 PBY 卡塔琳娜（Consolidated PBY Catalina）（1935 年）
长度：19.5 米
翼展：31.7 米
重量：9 485 千克

亨克尔 HE 178（1939 年）
长度：7.5 米
翼展：7.2 米
重量：1 620 千克

阿夫罗·兰开斯特（AVRO LANCASTER）（1941 年）
长度：21.2 米
翼展：31.1 米
重量：16 705 千克

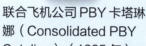

F/A-18“大黄蜂”（Hornet）（1978 年）
长度：17 米
翼展：11.4 米
重量：10 400 千克

波音 747（BOEING 747）（1970 年）
长度：70.6 米
翼展：59.6 米
重量：162 400 千克

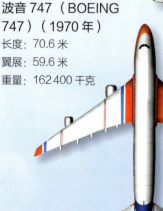

“夜鹰”F-117（NIGHTHAWK F-117）（1981 年）
长度：20.1 米
翼展：13.2 米
重量：13 380 千克

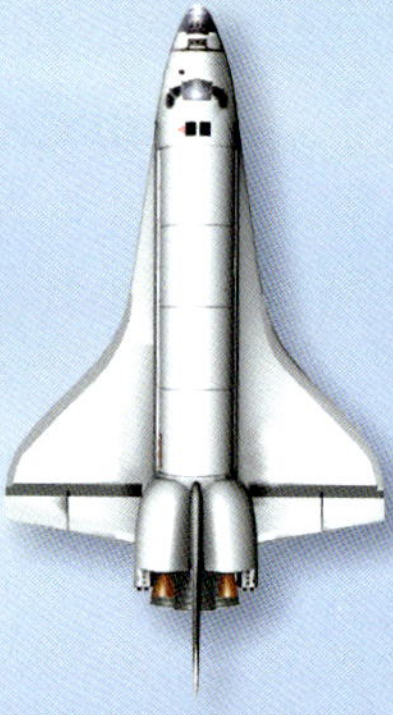

“亚特兰蒂斯”号航天飞机（Space shuttle Atlantis）（1985 年）
长度：37.2 米
翼展：23.8 米
重量：78 000 千克

斯帕德 XIII（SPAD XIII）（1917 年）
长度：6.3 米
翼展：8.2 米
重量：569 千克

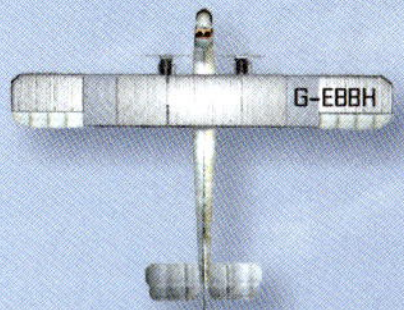

亨得利 W8（Handley Biplane）双翼机（1919 年）
长度：18.3 米
翼展：22.9 米
重量：3 910 千克

吉比（GEE BEE）（1932 年）
长度：5.4 米
翼展：7.6 米
重量：834 千克

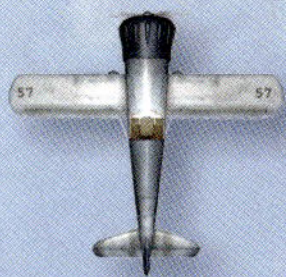

威德尔·威廉姆斯（WEDDELL-WILLIMAS）（1932 年）
长度：7.1 米
翼展：8.1 米
重量：685 千克

福克 D.VII（Fokker）（1918 年）
长度：6.9 米
翼展：8.9 米
重量：698 千克

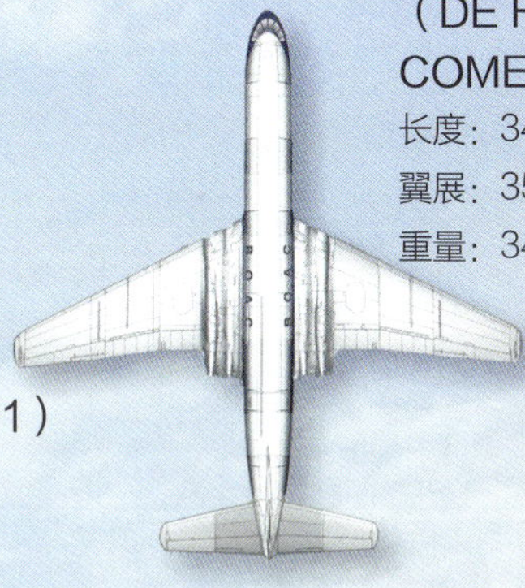

德·哈维兰“彗星”（DE HAVILLAND COMET）（1950 年）
长度：34 米
翼展：35 米
重量：34 200 千克

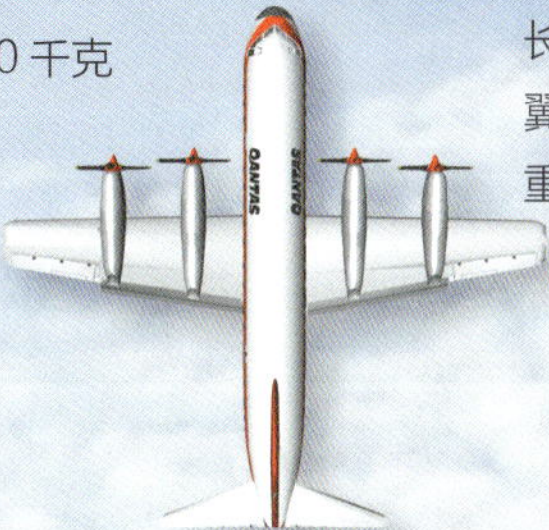

洛克希 L-188“伊莱克特拉”(LOCKHEED L-188 ELECTRA)（1957 年）
长度：31.8 米
翼展：30.2 米
重量：27 895 千克

贝尔 X-1（BELL X-1）（1947 年）
长度：9.4 米
翼展：8.5 米
重量：3 175 千克

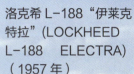

“利尔喷气”（LEARJET 45）（1995 年）
长度：17.7 米
翼展：14.6 米
重量：6 212 千克

“猛禽”（Raptor）（1997 年）
长度：18.9 米
翼展：13.6 米
重量：19 700 千克

A320（1987 年）
长度：37.6 米
翼展：34.1 米
重量：42 220 千克

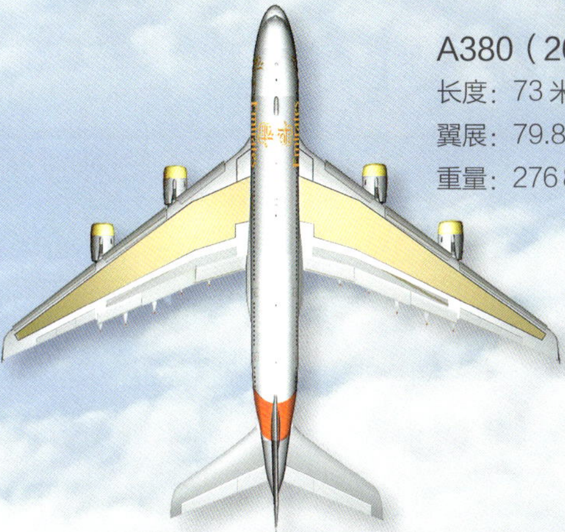

A380（2005 年）
长度：73 米
翼展：79.8 米
重量：276 800 千克

太空船 1 号（2004 年）
长度：8.5 米
翼展：8.2 米
重量：1 200 千克

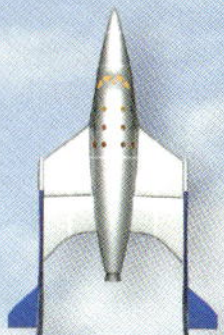

太空船 2 号
长度：18.3 米
翼展：8.3 米
重量：未知

混合与搭配

在整本书中，很多航空先驱者与特定的航空器相联系。在这儿，他们被弄混了。你需要把左侧列出的航空先驱者与右侧列出的他们的飞机连在一起。

A	B
阿尔贝托·桑托斯·杜蒙	14-比斯
查尔斯·林德伯格	200 片机翼的飞机
查克·叶格	箱型风筝
克莱门特·阿德	车式飞机
希拉姆·马克沁	风神号
霍雷肖·菲利普斯	四引擎飞机
伊戈尔·西科尔斯基	迷人葛兰妮号
劳伦斯·哈格雷夫	水上飞机
理查德·阿克伯德	圣路易斯精神号
特拉扬·武亚	双翼机

答案：阿尔贝托·桑托斯·杜蒙——14一比斯，查尔斯·林德伯格——圣路易斯精神号，查克·叶格——迷人葛兰妮号，克莱门特·阿德——风神号，希拉姆·马克沁——双翼机，霍雷肖·菲利普斯——200 片机翼的飞机，伊戈尔·西科尔斯基——四引擎飞机，劳伦斯·哈格雷夫——箱型风筝，理查德·阿克伯德——水上飞机，特拉扬·武亚——车式飞机。

知识拓展

飞行家 (aviator)

飞行员。

驾驶舱 (cockpit)

飞机中飞行员所坐的空间。

罗盘 (compass)

指示方向的仪器。

压缩 (compression)

将物体按压在一起的过程。

空中格斗 (dogfight)

两架军用飞机之间的空中战斗。

演化 (evolution)

一种变化过程。

机身 (fuselage)

飞机的主体。

安全带 (harness)

一个被安排用来绑住身体的带子。

手杆 (lever)

用以调整机械装置的手柄。

升力 (lift)

向上的力。

航天舱 (module)

航天器的一个单元。

神话 (mythology)

与某种文化相联系的一组传统故事。

羽烟 (plume)

从飞机引擎排出的烟。

捕食者 (predator)

以杀掉其他生物为生的生物。

猎物 (prey)

被猎捕并杀死吃掉的动物。

空速管 (probe)

收集信息的装置。

螺旋桨 (propeller)

将飞机或船向前推进的装置。

气阀拉绳 (ripcord)

一种绳子，拉动其可从热气球中放气。

音爆 (sonic boom)

飞机以高于音速的速度飞行时产生的巨大噪音。

安定面 (stabilizer)

避免飞机倾斜的装置。

亚音速 (subsonic)

慢于音速的速度。

超音速 (supersonic)

快于音速的速度。

推力 (thrust)

发动机所产生的推动飞行器运动的力。

涡轮 (turbine)

利用叶片或类似设备将能量转变为机械能的机器。

Discovery Education探索・科学百科（中阶）

探索·科学百科™

Discovery EDUCATION™

世界科普百科类图文书领域最高专业技术质量的代表作

小学《科学》课拓展阅读辅助教材

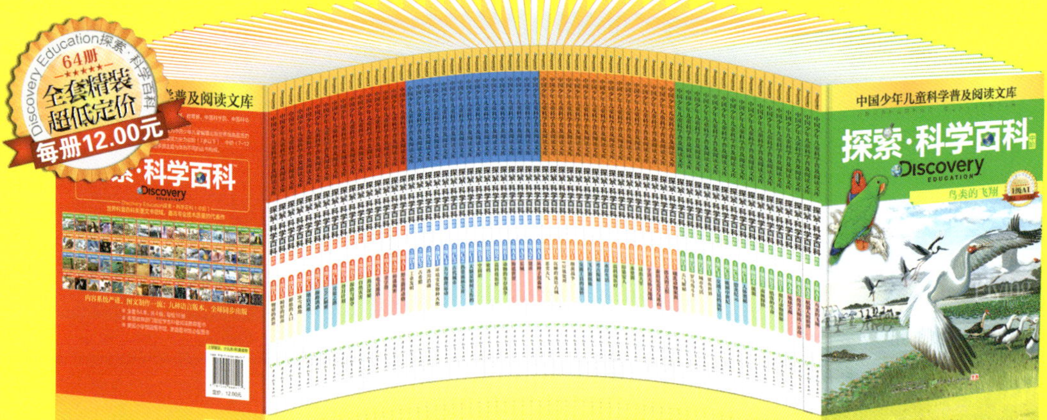

Discovery Education探索・科学百科（中阶）丛书，是7~12岁小读者适读的科普百科图文类图书，分为4级，每级16册，共64册。内容涵盖自然科学、社会科学、科学技术、人文历史等主题门类，每册为一个独立的内容主题。

Discovery Education
探索・科学百科（中阶）
1级套装（16册）
定价：192.00元

Discovery Education
探索・科学百科（中阶）
2级套装（16册）
定价：192.00元

Discovery Education
探索・科学百科（中阶）
3级套装（16册）
定价：192.00元

Discovery Education
探索・科学百科（中阶）
4级套装（16册）
定价：192.00元

Discovery Education
探索・科学百科（中阶）
1级分级分卷套装（4册）（共4卷）
每卷套装定价：48.00元

Discovery Education
探索・科学百科（中阶）
2级分级分卷套装（4册）（共4卷）
每卷套装定价：48.00元

Discovery Education
探索・科学百科（中阶）
3级分级分卷套装（4册）（共4卷）
每卷套装定价：48.00元

Discovery Education
探索・科学百科（中阶）
4级分级分卷套装（4册）（共4卷）
每卷套装定价：48.00元